Jean-Henri Fabre

# *Die Luft*

## *L'air, nécessaire à la vie*

Herausgegeben von Christopher Middleton
Aus dem Französischen von
Anna und Henning Ritter

FRIEDENAUER PRESSE

# Vorwort

Der große Naturwissenschaftler und Schriftsteller Jean-Henri Fabre, er lebte von 1823–1915, ist vor allem durch sein Spätwerk, die zehnbändigen *Souvenirs entomologiques*, die er in der Zeit von 1879 bis 1907 geschrieben hat, berühmt geworden. Der Text »L'air, nécessaire à la vie« stammt aus einer früheren Periode. Meine Quelle war ein neunseitiges Manuskript, das ich das Glück hatte 1982 in Paris zu erwerben.

Eine vollständige Druckfassung des Textes aufzufinden, ist mir nicht gelungen, allerdings konnte ich auch nicht alle früheren Schriften Fabres, die schwer zugänglich sind, durchsehen. Einige Passagen des Textes sind wörtlich enthalten in *Leçons élémentaires de chimie agricole* (S. 18ff., Paris 1862), und Parallelen zu diesen und anderen Stellen finden sich in Teilen des Dialogs mit dem Titel »La science de l'Oncle Paul« (1889 veröffentlicht in *Maître Paul: simples récits sur la science*, vgl. S. 151–154). Wo immer der Text erschienen ist – wenn er überhaupt gedruckt wurde –, mit größter Wahrscheinlichkeit handelt es sich dabei um das Manuskript eines der populären Vorträge, die Fabre in den Sechzigerjahren in Avignon gehalten hat – oder schon 1857, wie ein Ankündigungszettel ausweist, der in Fabres Haus, dem Harmas in Sérignan im Département Drôme, verwahrt wird. Der wohlverständliche erzieherische Einschlag verleiht dem Text noch heu-

Jean-Henri Fabre 1823–1915

te sein außergewöhnliches – und besonders bedeutsames – Gewicht.

Im deutschsprachigen Raum ist Fabre leider wenig bekannt. Seine Schriften fehlen in vielen wichtigen deutschen Bibliotheken.* In Frankreich hingegen findet man die Bände seiner *Souvenirs entomologiques* noch immer in den häuslichen Bücherregalen; auch von einigen bedeutenden zeitgenössischen Schriftstellern wird Fabre hoch geschätzt. Von Wissenschaftlern wird er als eine außerordentlich schöpferische Persönlichkeit angesehen, als ein Mann, der systematische und geduldige Arbeit mit höchst einfallsreichen Techniken und Methoden der Forschung verband und zugleich fähig war, die Ergebnisse seiner wissenschaftlichen Bemühungen auf so anziehende Weise darzustellen. Schon Hugo, Mistral, Rostand, Proust und Gide bewunderten ihn als Schriftsteller. 1904 hat man ihn sogar zum Nobelpreis für Literatur vorgeschlagen.

Vor nicht langer Zeit ist in Frankreich eine reizvolle Sammlung seiner Gedichte und Lieder aus den frühen Zwanzigerjahren neu herausgebracht worden. Fabre hat nicht nur die Texte, französisch und provençalisch, geschrieben, sondern auch die Musik für diese Lieder. In diesen Schöpfungen finden wir ebenfalls den gleichbleibenden rhythmischen Wohlklang, den Witz, die Freude an Metapher und Analogie und die schlichte Offenheit, die seine Prosa auszeichnen.

---

* Nachtrag und wichtiger Hinweis: Seit dem Jahr 2010 erscheint im Verlag Matthes & Seitz die deutschsprachige und sorgfältigst edierte 10-bändige Werkausgabe der ERINNERUNGEN EINES INSEKTENFORSCHERS von Jean-Henri Fabre.

Fabre wuchs in äußerster Armut auf, als Junge arbeitete er eine Zeit lang in Rhodez als Kellner. Seine akademischen Ämter in Carpentras und Avignon sowie spätere Auszeichnungen erwarb er durch unermüdliche einfallsreiche Arbeit, die er als Autodidakt, der er war, lebenslang ohne jede Assistenz tat. Als er unter dem Druck religiöser Eiferer seine Stellung in Avignon verlor, zog er hinaus nach Sérignan und ging für die nächsten fünfunddreißig Jahre seinen Studien nach, die in einem Buch nach dem anderen ihren Niederschlag fanden. Generationen der französischen Landbevölkerung haben in seinen Schriften Belehrung gefunden: Zwar galt seine Leidenschaft dem in sich wunderbaren Naturgeschehen, aber es war doch immer sein Ziel, für die *Bauern* zu wirken, indem er ihnen die Lebensverhältnisse in ihrer Umwelt *verstehbarer* machte.

Fabres Werk ist im Laufe der Jahre in mehrere europäische Sprachen übersetzt worden. In jüngster Zeit fand er besondere Anerkennung in der UdSSR und in Japan: In Moskau hat man vor ein paar Jahren eine riesige dokumentarische Ausstellung gezeigt, und in Japan sind bis heute an die hundertfünfzig Übersetzungen seines umfangreichen Werkes erschienen.

Ein hier vergessener Held? Ein vernachlässigtes Vorbild? Er muss aber auch etwas Skurriles, sogar Paradoxes gehabt haben: In die Bäume und Sträucher, die er in Sérignan pflanzte, um für seine Forschungen von weither Insekten – Spinnen und Grashüpfer, Bienen und Nachtfalter – anzulocken, pflegte er mit seiner Schrotflinte zu schießen, sobald er dort den Gesang der Nachtigall vernahm.

Dieser frühe Text wird vielleicht neue Leser auf ihn aufmerksam machen. Vielleicht wird er sie zur Beschäftigung mit Fabres wichtigen, feinen und wesentlichen Einsichten über unsere Welt einladen, in der die Geschöpfe, ob Tier, Pflanze oder Mensch, ihr Dasein teilen müssen oder zugrunde gehen.

Was dieser kleine Text nämlich enthält, ist eine vergessene Lektion über die Abhängigkeit des Lebens von der Luft. So naiv diese Lektion wirken mag, sie ist heute von höchster Dringlichkeit, und sie stammt aus der Feder eines Wissenschaftlers, den Darwin und Pasteur zutiefst bewunderten und der von John Stuart Mill auf freundschaftlichste Weise verehrt wurde. Auch tun wir gut daran, uns Fabre zusammen mit Cézanne und dem »Briefträger« Cheval als eine große, leuchtende Trias der Imagination vorzustellen, die während der letzten Jahrzehnte des vergangenen und zu Beginn dieses Jahrhunderts in Südfrankreich lebten und arbeiteten. Jeder dieser drei war einzigartig, vital und in seiner Weise befreiend.

Mit dreiundsechzigtausend verschiedenen Giften vermögen die Menschen heute die Erde zu vergiften, liegt es da nicht nahe, Fabres Aufsatz wieder zu lesen?

Mein Dank gilt Anne-Marie Heilman, der französischen Töpferin, die in Dripping Springs in Texas zu Hause ist, für die Hilfe bei der Entzifferung des französischen Manuskriptes.

*Austin, Texas 1983* *Christopher Middleton*

# Die Luft

## *1. Das beherrschendste Bedürfnis*

Zu den beherrschendsten Bedürfnissen, denen wir unterworfen sind, gehören Essen, Trinken und Schlafen. Solange der Hunger nur in seiner Verkleinerungsform, dem Appetit, auftritt, jener köstlichen Würze auch der gröbsten Speisen, solange der Durst nur jene beginnende Trockenheit des Mundes ist, durch die ein Glas kalten Wassers etwas so Anziehendes bekommt, solange der Schlaf nur jene angenehme Mattigkeit ist, die uns die Mittagsruhe herbeiwünschen lässt, so lange machen diese Grundbedürfnisse ihre Befriedigung nur durch den Reiz des Vergnügens geltend und nicht durch den heftigen Stachel des Schmerzes. Doch wenn ihre Befriedigung zu sehr auf sich warten lässt, dann schwingen sie sich zu unerbittlichen Herren auf und gebieten durch Folterqual. Wer kann ohne Schaudern an die Beängstigung durch Hunger und Durst denken? Es gibt freilich ein Bedürfnis, dem gegenüber Hunger und Durst, so gewaltig sie sein mögen, als etwas Zweitrangiges erscheinen, ein Bedürfnis, das sich beständig erneuert und nie gestillt ist, das sich ohne Unterbrechung bemerkbar macht, während des Wachens wie des Schlafens, nachts, am Tage, zu jeder Stunde, in jedem Augenblick. Es ist das Bedürfnis nach Luft. Die Luft ist zur Aufrechterhaltung des Lebens so unentbehrlich, dass es uns nicht gestattet wurde, ihren Gebrauch, wie beim Essen und Trinken, zu regulieren; das schützt uns vor den verhängnisvollen Folgen, die die kleinste Unregelmäßigkeit nach sich ziehen würde. Es geschieht gleichsam ohne unser Wissen und gegen unseren Willen, dass die Luft in unseren Körper eindringt, um dort ihre Aufgabe zu erfüllen. Vor allem anderen leben wir von der Luft, die gewöhnliche Nahrung kommt erst in zweiter Reihe. Das Bedürfnis nach Nahrung meldet sich nur in ziemlich großen Abständen, während das Bedürfnis nach Luft sich ohne Unterbrechung, immer gebieterisch, immer unerbittlich geltend macht. Wenn man nur einen Augenblick versucht, ihr den Zutritt zum Körper zu verwehren, indem man ihre Zugangswege, den Mund und die Nasenlöcher, versperrt, überkommt uns sofort Atemnot und man spürt, dass man unweigerlich zugrunde gehen würde, wenn dieser Zustand auch nur ein wenig andauerte.

### *2. Das Tier kann ohne Luft nicht leben*

Die Luft ist nicht nur für den Menschen die zwingendste Notwendigkeit, sie ist es auch für die Tiere, von der kleinsten, kaum sichtbaren Käsemade bis zu den Kolossen der Schöpfung. Auch die im Wasser lebenden Tiere sind keine Ausnahme von der Regel. Sie können nur in einem lufthaltigen Wasser leben: in einem Wasser, das durch Kochen oder auf andere Weise seiner Luft beraubt ist, gehen sie zugrunde. In der Physik gibt es ein erstaunliches Experiment, das beweist, wie unentbehrlich im Leben des Tieres das Vorhandensein der Luft ist.

Man bringt ein lebendes Tier, zum Beispiel einen Vogel,

unter die Glocke einer Vakuumpumpe. In dem Maße, wie, angesaugt von der Pumpe, die Luft verschwindet, beginnt der Vogel zu taumeln, windet sich in gräulich anzusehenden Ängsten und sinkt sterbend hin. Zögert man nur einen Moment, die Luft wieder in die Glocke eintreten zu lassen, dann ist das arme Wesen tot, ein für alle Mal, und nichts kann es wieder zum Leben erwecken. Wenn aber die Luft rechtzeitig zurückkehrt, dann vermag sie es wiederzubeleben, so wie ein Lufthauch eine Flamme wieder aufflackern lässt, die nahe daran ist zu verlöschen. Der Tod durch Mangel an Luft heißt Asphyxie.

*3. Das Tier kann in einer Luft, die nicht erneuert wird, nicht leben*

Statt die Luft mit der Vakuumpumpe abzusaugen, könnte man auch einfach den Rand der Glocke verkitten, um die Luft draußen am Eintreten zu hindern, und das Tier sich selbst überlassen. In diesem Falle würde der Vogel noch eine Weile leben, und zumal die Glocke nicht sehr groß ist, würde es nicht lange dauern, bis er schwächer würde und schließlich zugrunde ginge. Desgleichen wird eine brennende Kerze, die man unter eine Glocke ohne Verbindung nach draußen setzt, eine Weile brennen und dann verlöschen. Das Tier braucht Luft, um zu leben, und die Kerze braucht Luft, um zu brennen. Die Luft muss sich erneuern, damit das Leben weitergehen kann. Die Luft muss sich erneuern, damit die Verbrennung andauert.

*4. Produkte des Atmens*

Haucht man seinen Atem auf eine kalte Fensterscheibe, so hinterlässt der Atem rasch eine Schicht von Feuchtigkeit. Die ausgeatmete Luft enthält also Wasserdampf. Auch die gewöhnliche Luft enthält ihn zweifellos, aber sehr viel weniger, denn man würde vergeblich mit einem Blasebalg auf eine Fensterscheibe blasen, um die kleinen Wassertröpfchen sich darauf absetzen zu sehen. Wenn die Luft beim Verlassen des Körpers mehr Dampf enthält als beim Eintritt in ihn, dann kann sie ihn nicht durch den Vorgang des Atmens selbst erworben haben. – Mit Hilfe eines Glasröhrchens bläst man mit dem Mund in Kalkwasser. Sogleich wird die Flüssigkeit weiß, und wenn sie sich beruhigt, setzen sich zahlreiche Kreideflöckchen ab. Dies ist ein Zeichen dafür, dass kohlensaures Gas* in erheblicher

* Dieses bezeichnen wir heute als Kohlendioxyd.

Menge vorhanden ist. Erzeugt die Luft draußen, die Luft, die nicht durch die Lunge hindurchgegangen ist, ebenso viel davon? Nein. Bläst man, diesmal nicht mit dem Mund, sondern mit einem Blasebalg in Kalkwasser, dann wird das Wasser nicht weiß. Es gibt also kein kohlensaures Gas in der Luft, oder richtiger, es sind nur so kleine Mengen davon in ihr enthalten, dass man große Massen von Luft durch das Kalkwasser hindurchschicken müsste, um eine leichte Trübung zu erreichen. Dagegen mit der ausgeatmeten Luft erscheint die Trübung sofort. Bevor die Luft also in den Körper eintritt, enthält sie nur ganz geringe Mengen kohlensauren Gases, und wenn sie aus der Lunge zurückkommt, enthält sie sehr viel davon. Ist das alles? Noch nicht. Bevor die Luft den Atmungsvorgang durchgemacht hat, setzt sich ihr Volumen aus 1/5 Sauerstoff und 4/5 Stickstoff zusammen. Die von den Lungen ausgeatmete Luft enthält fast dieselbe Menge Stickstoff, aber sie enthält viel weniger Sauerstoff. Dieser Sauerstoff ist durch das fast gleiche Volumen kohlensauren Gases ersetzt worden. Kurz, die Atmung entspricht sehr genau dem Vorgang der Verbrennung. Die brennende Kerze entnimmt der Luft Sauerstoff, verbindet ihn mit ihrer eigenen Substanz und macht daraus kohlensaures Gas und Wasserdampf. Das Tier nimmt beim Atmen ebenfalls Sauerstoff aus der Luft, ohne den Stickstoff anzutasten. Es versetzt sie mit den Stoffen seines Körpers und macht aus dem Ganzen Wasser und kohlensaures Gas.

*5. Tierische Wärme*

Die Verbrennung setzt Wärme frei, und dasselbe geschieht bei der Atmung. Sie ist die Ursache der Eigenwärme des Körpers der Tiere. Unter brennender Sonne ebenso wie in winterlichem Frost, im sengenden Klima des Äquators ebenso wie in der Eiseskälte der Pole behält zum Beispiel der Körper des Menschen seine Eigentemperatur von 38 Grad, und diese Temperatur könnte unter den schlimmsten Umständen nicht ohne Todesgefahr sinken. Wie kommt es, dass diese Wärme sich trotz der uns umgebenden Kälte unverändert erhält? Aha! Es gibt nämlich in uns eine permanente Heizvorrichtung, die je nach der Außentemperatur stärker oder weniger heizt. Das Atmen versorgt sie mit Luft, und das Essen versorgt sie mit Brennstoff. Atmen bedeutet Verbrennen. Von Zeit zu Zeit hat man bildlich von der Flamme des Lebens gesprochen, und es trifft sich nun, dass dieser bildliche Ausdruck ein genauer Ausdruck der Wirklichkeit ist. Das Tier ist ein Wärmeerzeuger, der seinen Brennstoff in Form von Nahrung verzehrt und ihn im Innern seines Körpers mit der durch die Atmung herbeigeschafften Luft verbrennt. Das Essbare ist das Brennbare – *le comestible est le combustible.* Die Luft gelangt ihm durch die Atmung in die Lunge. Dort löst sie ihren Sauerstoff im Blut auf, das plötzlich statt der schwärzlichen Farbe, die es zunächst hatte, von einem schönen Rot ist. Mit Sauerstoff angereichert, breitet sich das Blut dann mittels der Kanäle, die man Arterien nennt, durch den ganzen Körper aus, und ist es einmal in dieser Weise überall verbreitet, dann bringt es eine Verbrennung in Gang, die natürliche Wärme erzeugt und zur Bildung von kohlensaurem Gas und Wasser führt. Daher hat das Blut seine schwärzliche Farbe; es nimmt das kohlensaure Gas und das Wasser, die sich gebildet haben, mit sich und kommt durch andere Kanäle, die man Venen nennt, zur Lunge zurück. Dort entledigt es sich des Wassers und des kohlensauren Gases, die mit der ausgeatmeten Luft ausströmen, nimmt eine neue Ladung Sauerstoff auf und beginnt von Neuem seine belebende Rundreise. Der für diese unablässige und lebenswichtige Verbrennung notwendige Brennstoff wird von den Nahrungsmitteln geliefert. Das ist der Grund, warum im Winter das Bedürfnis nach Nahrung lebhafter ist. Da der Körper sich durch die Berührung mit der kalten Luft draußen rascher abgekühlt hat, muss er entsprechend mehr Brennstoff verbrennen, damit die natürliche Wärme nicht absinkt. Kalte Temperatur regt das Bedürfnis zu essen an, während höhere es erlahmen lässt. Die ausgehungerten Mägen der sibirischen Völkerschaften brauchen kräftige, fette Mahlzeiten, Speck, Schnaps; den Völkerschaften der Sahara genügen drei oder vier Datteln und eine Messerspitze in der hohlen Hand gekneteten Mehls. Alles, was das Verschwinden der Wärme aufhält, mindert das Nahrungsbedürfnis. Schlaf, Ruhe, warme Kleider, all dies kommt dem Essen zu Hilfe und vermag es in gewissem Sinne zu ersetzen. Die in Sprichwörtern formulierte Volksweisheit wiederholt dies, wenn sie sagt: Wer schläft isst. Nahrung und Luft bringen zum Herd des Lebens die eine den Brennstoff und die andere das zugehörige Gas. Aus dieser Verbrennung resultiert die natürliche Wärme.

*6. Langsame Verbrennung und lebhafte Verbrennung*

Wir dürfen uns jedoch nicht vorstellen, dass die lebensdienliche Verbrennung sich so abspielt wie der Brand im Herd, wir dürfen nicht glauben, es existiere im Körper ein offenes Feuer. Obwohl es sich wirklich um Verbrennung handelt, gibt es keine Flamme. Das bedarf einiger Erläuterung. Wenn man Holz in einem feuchten Graben liegen lässt, dann zersetzt es sich mit der Zeit, verzehrt sich, wird schwarz und ist schließlich zu dunklem Staub geworden. Diese langsame Auflösung, diese Verwandlung in braunen Staub, diese Verwesung ist im strengen Sinne eine Verbrennung, die sich nur durch ihre Langsamkeit von der unterscheidet, die im Herd vor sich geht. Das Holz, das verwest, vereint sich mit dem Sauerstoff der Luft und gibt kohlensaures Gas ab, wie es das Holz tut, das im Kamin brennt; das Holz, das verwest, erzeugt Wärme wie das Holz, das brennt. Diese Wärme ist dieselbe wie überall sonst. In einem Misthaufen steigt die Temperatur beträchtlich an; in einem Stadel mit feuchtem Heu kann die Hitze bis zur Selbstentzündung ansteigen. In beiden Fällen handelt es sich um Verbrennung von Gras, Stroh und anderen pflanzlichen Stoffen, die in einem Verwesungsprozess begriffen sind. Das Holz setzt also bei der Verwesung Wärme frei.

Man kann leicht erklären, warum diese Wärme meistens nicht zu spüren ist. Nehmen wir an, ein Stück Holz brauche ein Jahr, um durch Verwesung zu verbrennen, und ein gleiches Stück Holz brauche eine Stunde, um im Herd zu verbrennen. In beiden Fällen wird Wärme erzeugt. Allein, bei dem verwesenden Holz wird diese Wärme nur ganz allmählich freigesetzt und immer nur in ganz kleinen Mengen, denn es braucht ja ein Jahr, damit sie insgesamt erzeugt wird; folglich wird sie nicht zu spüren sein. Bei dem brennenden Holz dagegen wird die Freisetzung der Wärme sehr lebhaft, sehr rasch geschehen, denn es darf ja nur eine Stunde dauern; folglich wird diese Wärme sehr spürbar sein. Man muss also zwischen langsamer und rascher Verbrennung unterscheiden und in der Art und Weise des Verbrennens verschiedene Abstufungen unterscheiden. Ein alter Baumstamm, der verwest, ein feuchter Heustadel, der sich aufheizt, ein Reisigbündel, das im Feuer lodert, sind jeweils verschiedene Abstufungen in der Geschwindigkeit des Verbrennungsvorganges. Die lebensspendende Verbrennung hat in dieser Reihe einen mittleren Platz inne: Sie ist lebhafter als die des verwesenden Holzes und langsamer als die des entzündeten Holzes. Sie erzeugt also Wärme, doch nicht genug, um die Beschaffenheit des Organismus zu gefährden, wie dies eine glühende Feuerstelle täte.

### *7. Die in die Atmosphäre ausströmende Menge kohlensauren Gases*

Unsere Nahrungsmittel, Brot, Fleisch, Gemüse usw. enthalten alle einen starken Anteil Kohle. Daraus speist sich die lebensspendende Verbrennung. Im Durchschnitt nehmen wir stündlich etwa acht Gramm Kohle zu uns. Diese Menge ist im Übrigen je nach Alter, Geschlecht und körperlicher Stärke verschieden. Nach dieser Rechnung verbraucht ein

Mensch, der sechzig Jahre lebt, etwa 4000 Kilogramm Kohle; und die große, annähernd auf eine Milliarde geschätzte Menschenfamilie insgesamt verbrennt davon acht Millionen Kilogramm stündlich, 192 Millionen am Tag und 70 000 Millionen im Jahr. Aufeinander geschichtet ergäbe diese Kohle einen Berg von einer Meile Umfang an seinem Fuß und einer Höhe von 400 bis 500 Metern. Bissen für Bissen essen wir den Berg auf, und am Ende des Jahres haben wir bei jedem Bissen kohlensaures Gas in der Atmosphäre verbreitet, um dann gleich ein neues Jahr zu beginnen. Wie viele Kohlenberge hat die Menschheit also, seitdem die Welt besteht, in die Atmosphäre geatmet? Hier verliert sich die Vorstellungskraft. Man darf außerdem die Tiere nicht vergessen, die des Landes und die des Meeres, die zusammengenommen einen ganz schönen Haufen Kohle verbrennen dürften. Sie sind viel zahlreicher als wir,

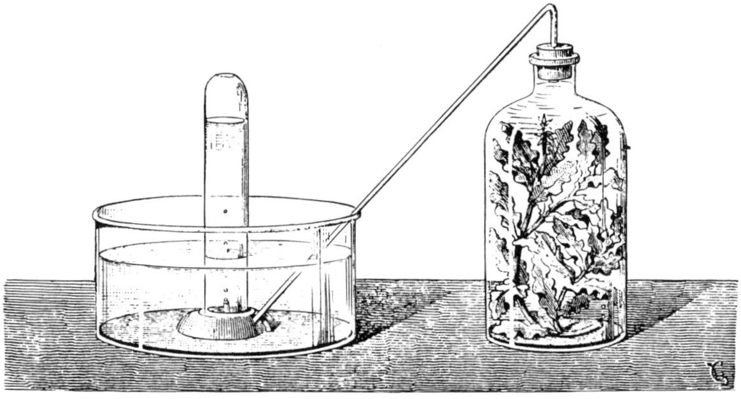

sie bevölkern den ganzen Erdball, die Kontinente und die Meere. Und das ist noch nicht alles. Die Stoffe, die durch Verwesung verbrennen, beispielsweise der Dung, lösen sich in kohlensaures Gas auf. Es ist nicht einmal notwendig, dass die Düngung sehr stark ist, damit pro Tag und Hektar aus gedüngtem Boden hundert bis zweihundert Kubikmeter kohlensaures Gas freigesetzt werden. Und das Holz, die Kohle, die Steinkohle, die wir in unseren Häusern, vor allem aber in den starken Öfen der Industrie verbrennen, gehen sie nicht als kohlensaures Gas in die Luft ein? Wie riesig muss die Menge kohlensauren Gases sein, die von dem Rachen eines Fabrikofens ausgespien wird, in den man den Brennstoff karrenweise kippt! Und vergessen wir nicht die Vulkane, jene gigantischen Kamine der Glut im Innern der Erde, die mit einem einzigen Ausbruch Mengen ausstoßen, im Vergleich zu denen alles, was vorhergeht, nicht zählt.

*8. Atmung der Pflanzen*

So entstehen überall in der Atmosphäre ungeheure Mengen von kohlensaurem Gas. Wie kommt es, dass dieses Gas, von dem schon ein geringer Anhauch tödlich ist, die Luft auf die Dauer nicht zum Einatmen völlig ungeeignet macht? Was wird aus ihm? Wozu dient es? Es dient der Ernährung der Pflanzen. In den Strahlen der Sonne ereignet sich etwas Ungeheures, unbegreiflich wie das Leben selbst. Vom Licht dazu angeregt, bemächtigen sich die Pflanzenblätter des in der Luft verbreiteten kohlensauren Gases, atmen es ein und nehmen die ganze Kohle von ihm weg. Sie entbrennen (das Wort steht so nicht im Wörterbuch, und das ist schade, denn es gibt die Vorstellung gut wieder), sie entbrennen die verbrannte Kohle, sie machen rückgängig, was die Verbrennung bewirkt hatte, sie trennen die Kohle von dem Sauerstoff, der dazugekommen ist, mit einem Wort, sie zerlegen das kohlensaure Gas. Im Nu ist es geschehen: Die Kohle und der Sauerstoff trennen sich, als wären sie niemals vorher vereint gewesen, und jedes nimmt wieder die früheren Eigenschaften an. Von der Kohle befreit, wird der Sauerstoff wieder, was er vor seiner Verbindung mit ihr gewesen war, er wird wieder ein Gas, das man einatmen kann und das das Feuer und das Leben aufrechtzuerhalten vermag. In diesem Zustand wird er in die Atmosphäre zurückgeschickt, um von Neuem der Verbrennung und der Atmung zu dienen. Als tödliches Gas war er in das Blatt eingetreten, als belebendes Gas verlässt er es. Eines Tages wird er mit neuen Ladungen Kohle zurückkehren, wird sie in den Blättern abladen und alsbald gereinigt seine Reise durch die Atmosphäre von Neuem antreten. Der Schwarm kommt und geht vom Bienenstock auf die Felder und von den Feldern zum Bienenstock, abwechselnd von der Last befreit, auf Beute brennend oder mit Honig beladen und in schwerfälligem Flug die Waben wieder erreichend. Der Sauerstoff ist gleichsam der Bienenschwarm der Blätter. Er kommt mit einer Last Kohle an, die er in den Lungen der Tiere, im entflammten Zündholz, aus den verwesenden Stoffen geraubt hat, lädt seine Kohle in der Pflanze ab und bricht, unermüdlich, zu neuen Ernten auf. Auf diese Weise reinigt sich die Atmosphäre von ungeheuren Mengen kohlensauren Gases, die unaufhörlich in sie hineinströmen. Unter dem Einfluss des Sonnenlichts atmet die Pflanze das tödliche Gift ein und zerlegt es in einzuatmenden Sauerstoff, den sie der Atmosphäre zurückgibt, und in Kohle, die sie behält, um daraus in Verbindung mit anderem Holz, Blumen und Früchte zu machen. Tier

Ipomoea Purga (Jalapenwinde).

und Pflanze erweisen sich wechselseitig einen Dienst: Das Tier erzeugt kohlensaures Gas, von welchem die Pflanze sich nährt, und die Pflanze macht aus diesem tödlichen Gas Luft, die man einatmet, und Stoffe, die der Ernährung dienen. Wir leben zweifach von den Pflanzen: Sie reinigen uns die Atmosphäre und sie bereiten uns die Speise.

## Zusammenfassung

1. Das Bedürfnis nach Luft ist das beherrschendste von allen.
2. Ohne Luft geht jedes Tier zugrunde.
3. In einem begrenzten Luftvolumen kann das Leben nicht andauern. Desgleichen verlöscht in einem begrenzten Luftvolumen das Feuer, und die Verbrennung kommt in einem bestimmten Augenblick zum Stillstand.
4. Die Produkte der Atmung sind die gleichen wie die der Verbrennung, nämlich Wasser und kohlensaures Gas.
5. Die Atmung ist eine Quelle von Wärme. Die Eigenwärme der Tiere hat keinen anderen Ursprung. Tatsächlich gehören Atmung und Verbrennung derselben Ordnung an. Atmen heißt verbrennen. Die Nahrung ist der Brennstoff, der dem Herd des Lebens zugeführt wird. Das Bedürfnis nach Nahrung ist umso lebhafter, je stärker wir der Kälte ausgesetzt sind.
6. Die lebensspendende Verbrennung vollzieht sich nicht mit derselben Aktivität wie die gewöhnliche Verbrennung. Man nennt sie deshalb eine langsame Verbrennung. Die Stoffe, die sich durch Verwesung zersetzen, sind ein Beispiel langsamer Verbrennung. Sie geben Wärme und kohlensaures Gas ab.
7. Die durch die tierische Atmung usw. in die Atmosphäre einströmende Menge kohlensauren Gases ist ungeheuer.
8. Unter dem Einfluss der Sonne ernähren sich die Pflanzen von diesem Gas, zerlegen es in Sauerstoff, den man

atmen kann und den sie der Atmosphäre zurückgeben, und in Kohle, die sie behalten, um daraus Holz, Früchte usw. zu machen. Auf diese Weise erhält sich die Reinheit der Atmosphäre. Das Tier verhilft der Pflanze zum Leben, und die Pflanze verhilft dem Tier zum Leben.

Jean-Henri Fabres Schreibtisch: »ma petite table«. »Groß wie ein Schnupftuch – auf der rechten Seite stand das Tintenfass, wie man es für fünf Centimes kaufen kann, und die linke Seite war bedeckt vom offenen Heft –, gewährte mein Tisch gerade so viel Raum, dass ich die Feder führen konnte.«

*Die Luft* erscheint wie die Erstausgabe (1983) als Buch der Friedenauer Presse.
Gegründet wurde die Friedenauer Presse 1963 in der Wolff's Bücherei
im Berliner Stadtteil Friedenau, dem sie ihren Namen verdankt.
Der Verleger Andreas Wolff, Enkel des Petersburger Verlegers M. O. Wolff,
veröffentlichte bis 1971 in loser Folge 36 Drucke. Von 1983 bis 2017 wurde
der Verlag von Katharina Wagenbach-Wolff geführt, seit 2020 ist die
Friedenauer Presse ein Imprint des Verlags Matthes & Seitz Berlin.

FRIEDENAUER PRESSE-Druck
Erste Auflage dieser Ausgabe Berlin 2020

Göhrener Straße 7, 10437 Berlin
info@matthes-seitz-berlin.de

Umschlagentwurf von Pauline Altmann, Berlin, unter Verwendung
einer Zeichnung von Christian Thanhäuser, Ottensheim a. d. Donau.
Gesetzt von Pinkuin Satz und Datentechnik, Berlin.
Verwendet wurde die Walbaum Antiqua.
Die Herstellung besorgte Hermann Zanier, Berlin.
Gedruckt und gebunden von Art-Druk, Szczecin.
ISBN 978-3-932109-75-1
www.friedenauer-presse.de